Thomas Plehn

Statistische und analytische Gütekriterien für Zufallsgeneratoren in stochastischen Simulationen

GRIN Verlag

Bibliografische Information der Deutschen Nationalbibliothek:

Die Deutsche Bibliothek verzeichnet diese Publikation in der Deutschen National-
bibliografie; detaillierte bibliografische Daten sind im Internet über http://dnb.d-
nb.de/ abrufbar.

Impressum:

Copyright © 2009 GRIN Verlag GmbH
Druck und Bindung: Books on Demand GmbH, Norderstedt Germany
ISBN: 978-3-640-41940-1

Dieses Buch bei GRIN:

http://www.grin.com/de/e-book/132069/statistische-und-analytische-guetekriterien-
fuer-zufallsgeneratoren-in

Fachhochschule Bielefeld

Fachbereich 7, Ingenieurwissenschaften und Mathematik

Masterstudiengang Optimierung und Simulation

Thomas Plehn

_____

Analytische und statistische Gütekriterien für Zufallsgeneratoren in stochastischen Simulationen

Seminararbeit

Inhaltsverzeichnis

1 Einleitung

Gute Zufallsgeneratoren sind aufgrund ihres Einsatzes in Monte Carlo Methoden zunehmend wichtiger geworden. Dabei sampelt man beispielsweise von Verteilungen (d.h. man erzeugt Zufallszahlen, die einem Zufallsexperiment mit der gegebenen Verteilung entstammen), die bestimmte Einflussgrößen auf die Bilanz beschreiben und kann so sehr viele Szenarios simulieren. Die Verteilungen von bestimmten Erfolgsgrößen (beispielsweise Gewinn) kann so empirisch ermittelt werden. Aber auch logistische Probleme können durch Monte Carlo Simulation gelöst werden: Beispielweise bei einem Lagerbelegungsproblem gilt das Verschiebungsgesetz: Immer wenn die Belegung des Lagers eine bestimmte Menge r unterschreitet, wird eine bestimmte Bestellmenge Q hinzugefügt. Die Bestellmengen werden durch Zufallsvariablen X_i dargestellt, die üblicherweise als i.i.d. angenommen werden und deren Verteilung aus empirischen Untersuchungen bekannt ist. Hieraus ergibt sich mithilfe des Verschiebungsgesetzes eine Familie von Zufallsvariablen Y_i, die die Lagerbelegung als Stückzahl beschreiben:

$$Y_{m+1} := \begin{cases} Y_m - X_m & \text{falls} \quad Y_m \geq r \\ Y_m + Q - X_m & \text{falls} \quad Y_m < r \end{cases}$$

Auch hier lassen sich wieder durch sampeln von den dazugehörigen Verteilungen sehr viele

Szenarien simulieren. Interessant ist dies, weil die Lagerhaltungskosten von den Werten der Zufallsvariablen X_i und Y_i abhängen. Dies modelliert man als Summe der Kostenfunktionen für die einzelnen Zeitintervalle (beispielsweise wöchentlich). Gesucht ist hier der Erwartungswert G(r,Q) in Abhängigkeit von r und Q, bezogen auf 52 Wochen, also das ganze Jahr:

$$G(r, Q) := E \left(\sum_{m=1}^{52} K_{r,Q}(Y_m, X_m) \right)$$

Dieser Erwartungswert lässt sich nun dank des Gesetzes der großen Zahlen durch Monte Carlo Simulation ermitteln. Die Optimierung besteht nun darin, diejenigen r, Q zu finden, so dass diese die Gesamtkostenfunktion G minimieren.

Doch wann ist ein Zufallsgenerator gut und warum ist seine Güte so wichtig für die Stochastische Simulation? Zunächst erst einmal ist ein Zufallsgenerator meist nichts anderes als eine rekursiv definierte Zahlenfolge mit willkürlich gewählten Anfangswerten. Diese Folge ist also vollständig deterministisch definiert. Trotzdem kann es statistisch so aussehen, als ob es sich hier um einen echten Zufallsprozess handeln würde. Meist versucht man zunächst uniform verteilte Zufallsvariablen über dem Intervall [0,1] zu erzeugen, aus diesen lassen sich dann durch weitergehende Verfahren auch beliebige andere Verteilungen gewinnen. Von einer echten Folge von Zufallszahlen würde man verlangen, dass diese unabhängig und gleich verteilt (i.i.d.) sind. Statistisch gipfelt dies darin, dass die erzeugten Pseudo-Zufallszahlen eine sog. d-Gleichverteilung aufweisen müssen, das bedeutet, dass jedes mögliche d-Tupel in der Sequenz gleich wahrscheinlich ist. Dies lässt sich nun durch geeignete statistische Tests überprüfen, und auch grafisch lässt sich die Güte der Zufallszahlen so beurteilen.

Wichtig ist außerdem die Periodenlänge des Zufallsgenerators, denn eine rekursiv definierte Folge mit einer endlichen Wertemenge muss sich zwangsläufig irgendwann wiederholen. Wünschenswert ist daher, dass diese Periodenlänge möglichst groß ist. Hierzu werden auch Sätze zur optimalen Parameterwahl angegeben, die die Periodenlänge für die betrachteten Generatoren maximieren.

In der hier vorliegenden Arbeit wird nun so vorgegangen, dass zunächst im ersten Kapitel zwei Zufallsgeneratoren, der lineare Kongruenzgenerator und der Tausworthe-Generator vorgestellt werden. Im zweiten Kapitel geht es dann um analytische Gütekriterien, die durch grafische Darstellungen überprüft werden können. Da diese Beurteilungen eher qualitativer Natur sind und man nicht wirklich weiß, ab wann eine bestimmte Gleichverteilungshypothese tatsächlich abzulehnen ist, erfolgt im dritten Kapitel eine exakte Fassung der Problematik mithilfe statistischer Methoden. Hier werden tatsächlich geeignete Testgrößen mit Verwerfungsbereich der Nullhypothese angegeben.

2 Zufallsgeneratoren

2.1 Lineare Kongruenzgeneratoren

Definition:

Ein linearer Kongruenzgenerator der Ordnung $k \geq 1$ mit dem Modulus $M \in \mathbb{N}$ besteht aus einem Rekursionsschema der folgenden Gestalt:

$$x_{n+1} := \left(\sum_{i=0}^{k-1} a_i x_{n-i} + c \right) MOD\ M$$

für $n \geq k - 1$, mit den Startwerten $x_0, ..., x_{k-1} \in \mathbb{N}_0$. Dabei heißen $c \in \mathbb{N}_0$ die additive Konstante und $a_0, ..., a_{k-1} \in \mathbb{N}_0$ die Multiplikatoren. (Kolonko 2008, S. 15)

Man sieht, dass diese Definition sehr allgemein linear in den x_i eine rekursive Folge definiert. Die Ordnung dieser Rekursionsvorschrift gibt an, aus wie vielen vorangehenden Folgengliedern sich das nächste Folgenglied errechnet. Wir wollen im folgenden erst einmal lineare Kongruenzgeneratoren der Ordnung 1 studieren. Dies ist natürlich der Spezialfall der obigen Definition für k=1:

Definition:

Im folgenden sei $LKG(a, c, M, x_0)$ der Generator mit der Rekursionsvorschrift

$$x_{n+1} = (ax_n + c)MOD\ M$$

bezeichnet, mit Startwert $x_0 \in \{0, ..., M - 1\}$.

Da es sich um eine rekursive Folge mit endlicher Wertemenge handelt, ist klar, dass sich diese Folge irgendwann wiederholen muss. Wiederholt sich nämlich nur ein Element der Folge, wird sich von dort aus die gesamte Folge wiederholen. Demzufolge wird die maximale Periodenlänge bei einem linearen Kongruenzgenerator der Ordnung 1 erreicht, wenn die gesamte Wertemenge genau einmal durchlaufen wird (in beliebiger Reihenfolge). Demnach kann als maximale Periodenlänge überhaupt nur M erreicht werden. Für den Generator $LKG(a, 0, M)$ kann man zeigen, dass für seine maximale Periodenlänge gilt:

$$L(a, 0, M) \leq \frac{M}{ggT(a, M)} - 1$$

Man beachte, dass dies nur eine obere Schranke darstellt und nicht garantiert, dass diese Periodenlänge tatsächlich erreicht wird. Wir werden im folgenden aber hinreichende Bedingungen für maximale Periodenlänge angeben:

Satz

a) Der multiplikative Generator $LKG(a, 0, M; x_0)$ hat die maximale Periodenlänge M-1 bei beliebigen Startwert $x_0 \neq 0$, falls gilt:

M > 2 ist Primzahl und $ord_M a = M - 1$, d.h. a ist primitive Wurzel modulo M, und es gilt: $< a >= \mathbb{Z}_M$, d.h. a erzeugt die multiplikative Restklassengruppe modulo M. Wenn M Primzahl ist, existiert immer eine solche primitive Wurzel a.

b) Der lineare Kongruenzgenerator $LKG(a, c, M; x_0)$ mit c > 0 hat die maximale Periodenlänge M bei beliebigem Startwert x_0, falls gilt:

    i.   c, M sind teilerfremd,

    ii.   für jeden Teiler d von M, der Primzahl ist, gilt a MOD d = 1 und

    iii. falls d = 4 ein Teiler von M ist, gilt ebenfalls a MOD 4 = 1

Ein Beweis der beiden Sätze findet sich in Knuth, E.D. 1998, The Art of Computer Programming, Abschnitt 3.2.1.2.

Da man in der Praxis besonders oft Generatoren mit Zweierpotenzen als Modulus verwendet, gibt es auch speziell auf diesen Fall zugeschnittene Sätze, deren Voraussetzungen sich in Spezialfällen leichter überprüfen lassen. Diese Sätze können aus den vorherigen Sätzen als Spezialfall hergeleitet werden. Der vollständige Beweis findet sich wieder bei Knuth, E.D. 1988, Abschnitt 3.2.1.2.

Satz:

Es sei $M = 2^\beta$ für ein $\beta \in \mathbb{N}$ mit $\beta > 3$.

a) Der multiplikative Generator $LKG(a, 0, M; x_0)$ hat die Periodenlänge $2^{\beta-2} = \frac{M}{4}$, falls x_0 ungerade ist und $a \ MOD \ 8 \in \{3, 5\}$

b) Für beliebige Startwerte $x_0 \geq 0$ nimmt $LKG(a, c, M; x_0)$ die maximale Periodenlänge $2^\beta = M$ an, falls c > 0 ungerade ist und a MOD 4 = 1 gilt.

2.2 Implementierung von linearen Kongruenzgeneratoren

Angenommen, der lineare Kongruenzgenerator der Ordnung 1 hat einen Wertebereich, der sich durch 32-Bit-Zahlen darstellen lässt. Dies ist der Fall, wenn der Modulus M selbst eine 32 Bit Zahl ist, denn dann müssen sich alle Zahlen der Folge auch durch 32 Bit darstellen lassen. Trotzdem tritt bei der konkreten Berechnung der Folge ein Problem auf: Die Multiplikation des vorherigen Folgengliedes mit a liefert unter Umständen zunächst eine Zahl, die größer als der Modulus M ist und damit auch nicht mehr als 32 Bit Zahl dargestellt werden kann. Die Modulo-Operation erzeugt zwar anschließend eine Zahl, die zwangsläufig kleiner als der Modulus M sein muss und damit in 32 Bit fassbar sein muss, dennoch kann das vorher auftretende Zwischenergebnis der Multiplikation nicht mit der 32 Bit Arithmetik erfasst werden.

Wir suchen daher nach einer Lösung, nur mithilfe von 32 Bit Arithmetik das neue Folgenglied aus dem vorangehenden zu errechnen. Hier hat sich eine etwas trickreiche Lösung entwickelt, die auf der Gültigkeit der folgenden Satzes basiert:

Zunächst einmal definieren wir:

$$x_{(k)} := x \ MOD \ 2^k \quad \text{und} \quad x^{(k)} := \left\lfloor \frac{x}{2^k} \right\rfloor$$

Dabei wird eine 32 Bit Zahl in ihre unteren k Bits und ihre oberen 32-k Bits zerlegt.

Satz:

Es sei $M = 2^{31} - 1$ und $a < 2^{15}$. Für $x \in \{1, 2, ..., M-1\}$ sei:

$$z := \left(x^{(16)} \cdot a + \left(x_{(16)} \cdot a \right)^{(16)} \right)^{(15)} + \left(x^{(16)} \cdot a + \left(x_{(16)} \cdot a \right)^{(16)} \right)_{(15)} \cdot 2^{16} + \left(x_{(16)} \cdot a \right)_{(16)}$$

Dann gilt: $xa \ MOD \ M = \begin{cases} z, & \text{falls } z < M \\ z - M, & \text{falls } z \geq M \end{cases}$

Außerdem kann man sich davon überzeugen, dass die Größe z selbst ohne Überlauf mit 32 Bit Zahlen zu berechnen ist.

Allerdings wird diese Rechenoperation aber in professionellen Generatoren nicht direkt auf diese Weise implementiert: Die unteren k Bits erhält man durch bitweise und-Verknüpfung mit einer Bitmaske (d.h. hier eine in Hexadezimal geschriebene Binärzahl, die durch bitweises „und" verknüpft wird und die oberen 16 Bits auf Null setzt), die oberen 32-k Bits erhält man durch Shift-Operationen nach rechts. Dies sieht dann beispielsweise in der Notation der Programmiersprache „C++" so aus:

$$x_{(16)} = x \ \& \ 0x0000FFFF \quad \text{bzw.} \quad x^{(16)} = x >> 16$$

Außerdem kann man die Multiplikation mit 2^{16} durch die entsprechende Anzahl von Shift-

Operationen nach links implementieren:

$$x \cdot 2^{16} = x << 16$$

In Matlab erfolgte meine Implementierung des Generators jedoch ohne diese Tricks, wobei mir noch nicht einmal klar ist, ob eine Scriptsprache wie Matlab diese Bitoperationen überhaupt schneller ausführt als Standard-Arithmetik, jedoch ist die Standard-Arithmetik in Matlab dank des numerischen Coprozessors sehr schnell.

2.3 Tausworthe Generatoren

Tausworthe Generatoren sind Genratoren, die ihre Zufallszahlen aus dem Datenstrom eines Schieberegister-Generators generieren, indem sie immer Sequenzen gleicher Länge zu einer Binärzahl zusammenfassen. Daher scheint es zweckmäßig, zunächst Schieberegister-Generatoren zu betrachten.

2.3.1 Schieberegister-Generatoren

Ein Schieberegister-Generator ist formal gesprochen auch ein linearer Kongruenzgenerator, jedoch arbeitet dieser immer mit dem Modulus 2 und der Ordnung p. Als Wertemenge kommen daher nur die Zahlen 0 und 1 in Frage. Man erzeugt also einen Datenstrom aus einzelnen Bits, was für manche Anwendungen genau das ist, was man benötigt, um zufällige Daten als Folge von zufälligen Bits zu haben. Es ist jedoch auch möglich, jeweils eine gewisse Anzahl von Bits zusammenzufassen und hieraus Binärzahlen zu gewinnen. Ein linearer Kongruenzgenerator der Ordnung p mit Modulus 2 hat zunächst folgende Form:

$$b_n = \left(\sum_{i=1}^{p} a_i b_{n-i} \right) MOD\ 2$$

Man spricht von einem Schieberegister-Generator für eine spezielle Wahl der Koeffizienten:

$$a_i = \begin{cases} 1 & \text{für } i = p \text{ und } i = p - q \\ 0 & \text{sonst} \end{cases} ,\ 1 \le i \le p$$

In diesem Fall hat die Rekursionsvorschrift die einfache Form:

$$b_n = (b_{n-p} + b_{n-(p-q)}) MOD\ 2$$

Um Speicher zu sparen, merkt man sich nur die jeweils p letzten Werte, was für eine Rekursionsvorschrift der Ordnung p völlig ausreicht. Man implementiert dies in einem logisch zirkulären Array der Länge p. Ist bei der Indexzählung das Ende des Arrays erreicht, fängt die Zählung beim Index 0 wieder an. Das bedeutet insbesondere, dass alle Indizes in die bezüglich modulo p kongruenten Indizes aus der Menge $I = \{0, 1, 2, ..., p-1\}$ überführt werden.

Da es sich um einen linearen Kongruengenerator der Ordnung p handelt, muss seine Perodenlänge sicherlich $\le M^p$ sein. Weil der Zustand $(b_n, ..., b_{n-p}) = (0, ..., 0)$ absorbierned ist (d.h. er kann nicht mehr verlassen werden), muss die Periodenlänge sogar $\le 2^p - 1$ sein. Es stellt sich nun die Frage, ob und unter welchen Bedingungen diese maximale Perodenlänge erreicht werden kann. Man kann zeigen, dass die maximale Periodenlänge $2^p - 1$ erreicht wird, wenn p und q so gewählt werden, dass das Polynom

$$p(x) := x^p + x^q + 1$$

irreduzibel über $\mathbb{Z}_2$ ist. Hierzu geben wir einige Parametrisierungen p, q an, die optimale

Periodenlänge garantieren:

p	5	10	15	20	31	127	828
q	$2,3$	$3,7$	$1,4,7,8,11,14$	$3,17$	13	63	205

2.3.2 Tausworthe Generatoren auf Basis des Schieberegister-Generators

Definition:

Der Tausworthe Generator $TG(p,q,l)$ mit $p,q,l \in \mathbb{N}$ und $q < p$ erzeugt eine Folge von natürlichen Zahlen $x_n \in \mathbb{N}$ mit der Dualdarstellung

$$x_n = (b_{(n+1)l-1}, b_{(n+1)l-2}, ..., b_{nl})_2 \quad \text{d.h.} \quad x_n = \sum_{i=0}^{l-1} 2^i b_{nl+i}$$

wobei die Folge $(b_m)_{m \geq 0}$ von Bits durch den Schieberegister-Generator $BSR(p,q)$ mit Startwerten $b_0, ..., b_{p-1} \in \{0,1\}$ erzeugt wird. l heißt dabei die Wortlänge von $TG(p,q,l)$.

Man muss also nur die durch den Schieberegister-Generator erzeugte Folge von Bits in Abschnitte der Länge l einteilen und diese als Binärzahlen interpretieren. Schon hat man eine Folge von Zufallszahlen.

3 Analytische Gütekriterien für Zufallsgeneratoren

3.1 Einige analytische Überlegungen

Bis jetzt haben wir immer nur versucht, die Parameter der Zufallsgeneratoren so zu wählen, dass ihre Periodenlänge maximal wird. Dies kann allerdings alleine kein ausreichendes Gütekriterium darstellen, denn man kann sich vorstellen, dass es auch sehr regelmäßige Folgen mit einer langen Periodenlänge geben kann. Wir sollten uns daher noch einmal ins Gedächtnis rufen, wofür wir die Generatoren eigentlich benötigen: Als Quelle von Zufall. Sie sollten daher auf dem Rechner ein bestimmtes Zufallsexperiment möglichst gut nachbilden können. Das Zufallsexperiment, was uns hierbei als Referenz dienen soll, sei das folgende:

Sei $(X_n)_{n \geq 0}$ eine Folge von unabhängigen, identisch verteilten Zufallsvariablen, die die Gleichverteilung $U(0,1)$ oder $U(\{0, ..., M-1\})$ aufweisen.

Nun bedeutet eine möglichst gute Übereinstimmung von Modell und Zufallsexperiment eine möglichst gute Übereinstimmung von relativen Häufigkeiten. Dazu müssen wir die oben beschriebene Eigenschaft der Folge $(X_n)_{n \geq 0}$ so formulieren, dass sie überprüfbar wird. Wir erkennen zunächst, dass dies bedeutet, dass die gemeinsame Verteilung von $X_0, ..., X_{d-1}$ mit der Gleichverteilung auf $[0,1]^d$ übereinstimmen muss und dies für alle $d \geq 1$.

Im folgenden geben wir zwei Sätze an, die bei Erfüllung ihrer Voraussetzungen die gewünschten Eigenschaften der Folge $(X_n)_{n \geq 0}$ garantieren:

a) Es sei $(X_n)_{n \geq 0}$ eine Folge von Zufallsvariablen mit Werten in [0,1]. $(X_n)_{n \geq 0}$ ist i.i.d. mit Verteilung U(0,1), falls für alle $d \in \mathbb{N}$ und alle $0 \leq a_i \leq b_i \leq 1, i = 0, ..., d-1$, gilt:

$$P(a_i \leq X_i \leq b_i, i = 0, ..., d-1) = \prod_{i=0}^{d-1} (b_i - a_i)$$

b) Es sei $(X_n)_{n \geq 0}$ eine Folge von Zufallsvariablen mit Werten in $\mathbb{Z}_M = \{0, ..., M-1\}$ für ein $M \in \mathbb{N}$. $(X_n)_{n \geq 0}$ ist i.i.d. $U(\{0, ..., M-1\})$-verteilt, falls für alle $d \in \mathbb{N}$ und für alle $t_0, ..., t_{d-1} \in \mathbb{Z}_M$ gilt:

$$P(X_0 = t_0, ..., X_{d-1} = t_{d-1}) = M^{-d}$$

Man kann nun zum einen versuchen, mit analytischen Methoden nachzuweisen, dass ein Generator Eigenschaften wie oben besitzt. Dies kann bei komplizierten Generatoren sehr schwierig sein. Auf der anderen Seite gibt es die empirischen Methoden, die die im Experiment auftretenden relativen Häufigkeiten mit den zu erwartenden Wahrscheinlichkeiten vergleichen. Dies lässt sich auch bis zu statistischen Hypothesentests ausbauen. Zum anderen ist es auch möglich, durch geeignete Visualisierungen die Verteilungseigenschaften qualitativ zu begutachten.

Zur Bestimmung von relativen Häufigkeiten muss ein Zufallsexperiment m mal wiederholt werden und man erhält die relative Häufigkeit aus

$$H_m(A) := \frac{1}{m} \sum_{i=0}^{m-1} 1_A(\tilde{x}_i)$$

Dabei hat A hier die Gestalt $A = (a_0, b_0] \times ... \times (a_{d-1}, b_{d-1}]$ und x die Gestalt $(x_0, ..., x_{d-1}) =: \tilde{x}_0$. Will man nun für ein d die relative Häufigkeit bestimmen, so müsste man das Zufallsexperiment m mal wiederholen, jeweils verbunden mit d Aufrufen des Zufallsgenerators. Würde man dabei auch jeweils die gleichen Startwerte benutzen, würde der Generator bei jeder Wiederholung identische Ergebnisse liefern. Dies geht also nicht. Daher scheint es sinnvoll, die nächsten d Zahlen aus der Sequenz des Zufallsgenerators als Wiederholung des Experiments anzusehen, also $\tilde{x}_1 := (x_d, ..., x_{2d-1})$. Dabei müssen wir aber beachten, dass eine funktionale Abhängigkeit zwischen $\tilde{x}_i$ und $\tilde{x}_{i+1}$ (nach dem selben Schema fortgesetzt wie $\tilde{x}_0$ und $\tilde{x}_1$ oben) besteht. Wir setzen daher schon einen Teil der nachzuweisenden Eigenschaften voraus und nehmen an, dass $(X_0, ..., X_{d-1})$ und $(X_d, ..., X_{2d-1})$ unabhängig sind, wie im mathematischen Modell.

3.2 d-gleichverteilte Folgen

Die Betrachtungen von oben laufen auf die Betrachtung von relativen Häufigkeiten von Teilstücken der Länge d hinaus. Das i-te Teilstück hat ganz allgemein die Form

$$\tilde{x}_i := (x_{ik}, x_{ik+1}, ..., x_{ik+d-1}),$$

die Teilstücke können sich also auch überlappen, anstatt wie bei der vorherigen Betrachtung der $\tilde{x}_i$ in Abschnitt 3.1 disjunkt zu sein. Der folgende Satz zeigt, dass die relativen Häufigkeiten trotzdem gegen den gleichen Wert streben, unabhängig davon, ob sich die Teilstücke überlappen:

Es sei $(X_n)_{n \geq 0}$ eine i.i.d. Folge von Zufallszahlen mit Werten in $\mathbb{R}$. Dann gilt für alle $d, k \in \mathbb{N}$ und alle $a_i \leq b_i, i = 0, ..., d-1$, mit $A := (a_0, b_0] \times ... \times (a_{d-1}, b_{d-1}]$

$$\lim_{n \to \infty} \frac{1}{n} \sum_{i=0}^{n-1} 1_A(X_{ik}, ..., X_{ik+d-1}) = \prod_{i=0}^{d-1} P(X_0 \in (a_i, b_i])$$

Nun benötigen wir noch ein geeignetes Instrument, um diese Eigenschaft der Zufallszahlen sinnvoll überprüfen zu können. In der folgenden Definition wird eine Eigenschaft definiert, die die oben angegebene Eigenschaft nur für spezielle Ereignisse A überprüft und von einer uniformen Verteilung der X_i ausgeht:

Es sei $(x_n)_{n\geq 0}$ eine periodische Folge von Zahlen in $\mathbb{Z}_M = \{0, ..., M-1\}$ mit Periodenlänge L und es sei $d \in \mathbb{N}$ mit $d < L$.

a) Die Folge $(x_n)_{n\geq 0}$ heißt d-gleichverteilt, falls die realtive Häufigkeit

$$\frac{1}{L} \sum_{i=0}^{L-1} 1_{(t_0, ..., t_{d-1})}(x_i, x_{i+1}, ..., x_{i+d-1})$$

mit der $(t_0, ..., t_{d-1})$ in der Folge x_n auftaucht, für alle $(t_0, ..., t_{d-1}) \in \mathbb{Z}_M^d$ gleich ist.

b) Für $m \in \mathbb{N}$ bezeichne $\beta_m(x) \in \{0,1\}^m$ die oberen (höchstwertigen) m Bits der Dualdarstellung von $x \in \mathbb{Z}_M$. Bei Wortlänge l und $x = (b_{l-1}, ..., b_0)_2$ gilt also $\beta_m(x) = (b_{l-1}, ..., b_{l-m})$. Die Folge $(x_n)_{n\geq 0}$ heißt d-gleichverteilt mit m Bit Genauigkeit, falls die Folge $(\beta_m(x_i))_{i\geq 0}$ d-gleichverteilt ist, d.h. falls die relative Häufigkeit

$$\frac{1}{L} \sum_{i=1}^{L-1} 1_{\{(b_0, ..., b_{md-1})\}}(\beta_m(x_i), \beta_m(x_{i+1}), ..., \beta_m(x_{i+d-1}))$$

mit der $(b_0, ..., b_{md-1})$ als oberste (aneinandergereihte) Bits in der Folge der $(x_i, x_{i+1}, ..., x_{i+d-1}), i \geq 0$, auftauchen, für alle $(b_0, ..., b_{md-1}) \in \{0,1\}^{md}$ gleich ist.

3.3 Grafische Überprüfung

Was bedeutet nun d-Gleichverteilung mit m Bit Genauigkeit anschaulich? Wir wollen dies zunächst im Fall der 2-Gleichverteilung untersuchen: Bei 2-Gleichverteilung bilden wir Paare $(x_i, x_{i+1}) \in \mathbb{Z}_M^2 = \{0, ..., M-1\}^2$, diese sollen nun alle gleich häufig in der Folge $(x_i)_{i\geq 0}$ vorkommen. Betrachten wir nun m Bit Genauigkeit, so zerteilen wir den möglichen Wertebereich der Dualdarstellung bei Wortlänge l, $\{0, 1, ..., 2^l - 1\}$, in 2^m Intervalle, dabei fällt eine Zahl x_i genau dann in das Intervall $I_k, k = 0, ..., 2^m - 1$, wenn ihre oberen m Bits gerade die Zahl k ergeben, d.h. $x_i \in I_k \Leftrightarrow \beta_m(x_i)_2 = k$. Beachten wir nun, dass es sich nicht um einzelne Zahlen handelt, sondern stets um Paare, so erhalten wir:

$$(x_i, x_{i+1}) \in I_k \times I_j \Leftrightarrow (\beta_m(x_i)_2, \beta_m(x_{i+1})_2) = (k, j)$$

Das bedeutet, wir erhalten ein Gitter, welches den gesamten Wertebereich der Paare überspannt. Wir müssen nun fordern, dass in jedem Teilquadrat des Gitters gleich viele Paare liegen, man kann diese auch als Punkte einer Ebene deuten, wie es sich bei der grafischen Darstellung als zweckmäßig erweist. Dennoch haben wir ein Problem, denn nicht alle Teilquadrate liegen im Wertebereich des Generators, denn im allgemeinen gilt nur $\{0, ..., M-1\}^2 \subset \{0, ..., 2^l - 1\}$, was bedeutet, dass nicht der gesamte Wertebereich der Dualdarstellung mit Wortlänge l auch tatsächlich zum Wertebereich des Generators gehört. Problematisch wird dies, wenn Teilquadrate „angeschnitten" werden, d.h. wenn ein Teilquadrat nicht ganz oder gar nicht, sondern nur teilweise zum Wertebereich des Generators gehört. Weil die Länge eines Intervalls 2^{l-m} ist, müssen wir fordern, dass 2^{l-m} den Wert M teilt.

Für die beiden Generatoren (Tausworthe-Generator und linearer Kongruenzgenerator) wurde von mir mittels Matlab eine grafische Darstellung der ersten 1000 Paare in der Ebene angefertigt.

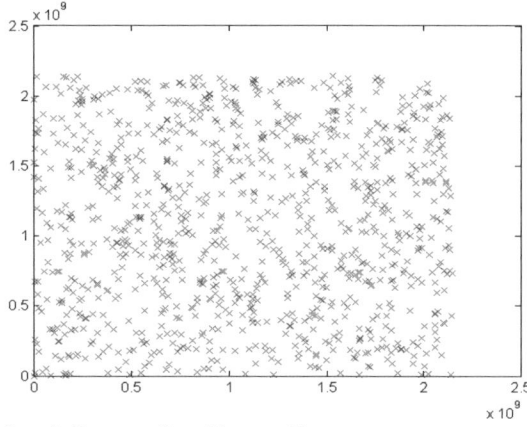

Abbildung 1: Paarverteilung Linearer Kongruenzgenerator

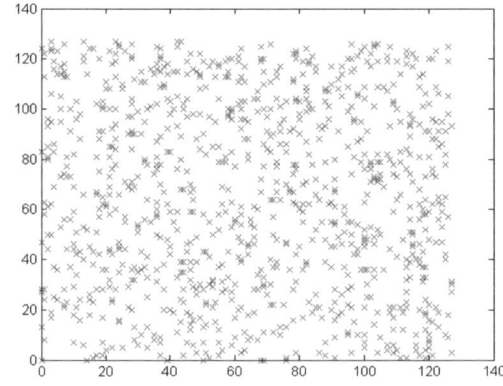

Abbildung 2: Paarverteilung Tausworthe-Generator

4 Statistische Gütekriterien

4.1 Anpassungstests

Ein Anpassungstest ist ein statistisches Instrument, um festzustellen, ob die Hypothese, dass eine gegebene Stichprobe einer bestimmten Verteilung entstammt statistisch haltbar ist. Man geht dabei davon aus, dass bei Erfüllung der Hypothese eine sog. Prüfgröße T mit hoher Wahrscheinlichkeit in einem bestimmten Bereich liegt, üblicherweise mit 95% oder 99% Wahrscheinlichkeit. Diesen Bereich kann man aufgrund von Quantilen einer geeigneten Wahrscheinlichkeitsverteilung ermitteln. Liegt die Prüfgröße nun bei einer gegebenen Stichprobe außerhalb des vorher eingegrenzten Bereiches, so geht man davon aus, dass die Hypothese nicht stimmen kann und wird sie verwerfen. Man macht hier aber normalerweise keine Aussage darüber, mit welcher Wahrscheinlichkeit die Hypothese bei gegebener Prüfgröße zutrifft. Gegeben ist vielmehr die umgekehrte Aussage, nämlich unter Annahme der Hypothese kann gesagt werden, in welchem Bereich sich dann die Prüfgröße mit hoher Wahrscheinlichkeit aufhalten wird. Man bemerke, dass dies zwei völlig unterschiedliche Aussagen sind. Formal kann man einen statistischen Anpassungstest wie folgt definieren:

Definition:

Es sei $\mathbb{R}^n$ der Stichprobenraum und P_0 ein Wahrscheinlichkeitsmaß auf $\mathbb{R}$. Es sei $X = (X_0, ..., X_{n-1})$ die Stichprobenvariable mit $X_0, ..., X_{n-1}$ i.i.d. und α sei ein (kleiner) Wert aus (0,1).

Ein Anpassungstest zum Niveau α für die Hypothese $H := \{P_{X_0} = P_0\}$ besteht aus einer Prüfgröße $T : \mathbb{R}^n \to \mathbb{R}$ und einem kritischen Wert c, so dass

$$P(T(X) > c) \leq \alpha$$

falls H gilt, d.h. falls $X_0, ..., X_{n-1}$ i.i.d. P_0-verteilt sind. Im Falle T(X) > c liefert der Test die Entscheidung „Ablehnung", sonst „Annahme" (der Hypothese $H = \{P_{X_0} = P_0\}$). Der Bereich

$$\{x \in \mathbb{R}^n | T(x) > c\}$$

heißt auch Ablehnungsbereich.

4.2 Spezielle Anpassungstests

4.2.1 Kolmogoroff-Smirnov-Anpassungstest

Voraussetzung: F_0 sei eine stetige Verteilungsfunktion.

Hypothese: $H = \{F_{X_0} = F_0\}$, d.h. die Stichprobe entstammt einem Zufallsexperiment mit der Verteilungsfunktion F_0.

Prüfgröße (n Stichprobengröße, x Stichprobe):

$$T_n(x) := \sup_{t \in \mathbb{R}} |F_0(t) - F_n(t)|$$

Wenn man die Werte der Stichprobe, $x = (x_0, ..., x_{n-1})$, der Größe nach aufsteigend sortiert als $x_{[0]}, ..., x_{[n-1]}$, so lässt sich die Prüfgröße auch erhalten aus

$$T_n(x) = \max_{i=0,...,n-1} \max \left\{ \left| F_0(x_{[i]}) - \frac{i+1}{n} \right|, \left| F_0(x_{[i]}) - \frac{i}{n} \right| \right\}$$

Ablehnungsbereich: $T_n(x) > k_{n;\alpha}$, dabei sind die $k_{n;\alpha}$ die Fraktile (diese sind komplementär zu den Quantilen) der sog. Kolmogoroff-Verteilung, für die näherungsweise gilt: $k_{n;\alpha=0.05} = 1.36/\sqrt{n}$ bzw. $k_{n;\alpha=0.01} = 1.63/\sqrt{n}$

4.2.2 Durchführung für die betrachteten Generatoren

Der Kolmogoroff-Smirnov-Anpassungstest wurde für die beiden betrachteten und auch implementierten Generatoren, nämlich den linearen Kongruenzgenerator und den Tausworthe-Generator, einzeln durchgeführt. Der Kolmogoroff-Smirnov-Anpassungstest geht von einer gegebenen Verteilung aus, die stetig sein muss und gegen die die empirische Verteilung getestet wird. In diesem Fall ist die gegebene Verteilung F_0 die Gleichverteilung auf (0,1), d.h. es gilt hier $F_0(x) = x$. Die Ergebnisse des statistischen Tests werden nachfolgend tabellarisch angegeben:

	$T_n(x)$	$k_{n;\alpha}$
LGM	0.0166	0.0515
TG	0.0288	0.0515

Hierbei wurden verwendet: $n = 1000, \alpha = 0.01$.

4.2.3 Chi-Quadrat-Anpassungstest

Der Chi-Quadrat-Anpassungstest unterscheidet sich vom Kolmogoroff-Smirnow-Anpassungstest im Anwendungsbereich dadurch, dass der Kolmogoroff-Smirnow-Anpassungstest gegen eine stetige Verteilung testet und der Chi-Quadrat-Anpassungstest gegen eine diskrete Verteilung auf bestimmten Klassen, welche beispielsweise Intervalle der reellen Zahlen seien können oder karthesische Produkte dieser Intervalle. Dies gestattet insbesondere die Ausweitung auf mehrdimensionale Verteilungen beispielsweise auf Quadraten oder Würfeln. So lassen sich auch Paare von reellen Zahlen auf gemeinsame Gleichverteilung auf einem Einheitsquadrat testen oder ähnliches. Dies ist z.B. Gegenstand des sog. Serial-Tests. Der Serial-Test wird im Folgenden nicht mehr genauer ausgeführt, da es sich hierbei ebenso um einen Chi-Quadrat-Test handelt, der analog funktioniert. Im folgenden werden wir genau formalisieren, wie ein Chi-Quadrat-Test funktioniert, die Idee besteht darin, die Verteilung, gegen die getestet werden soll, zunächst über die Wahrscheinlichkeiten auf geeignet definierten Klassen darzustellen und dann zu berechnen, welche absoluten Häufigkeiten man in den einzelnen Klassen bei Vorliegen der Nullhypothese erwarten würde. Die Testgröße berechnet sich nun aus der Abweichung der erwarteten absoluten Häufigkeiten von den tatsächlich erhaltenen absoluten Häufigkeiten. Die Testgröße ist nun so gewählt, dass sie bei vorliegender Nullhypothese genau Chi-Quadrat verteilt ist.

Definition: Chi-Quadrat-Test:

Voraussetzung: Der Wertebereich S der Stichprobe ist in Klassen $C_1, ..., C_k$ unterteilt, wobei $S = \sum_{i=1}^{k} C_i$. P_0 ist eine Verteilung auf S, es sei $p_i = P_0(C_i), i = 1, ..., k$. Von der Stichprobe $x_1, ..., x_n$ liegen die Klassenhäufigkeiten n_i vor, wobei

$$n_i := \sum_{j=0}^{n-1} 1_{C_i}(x_j)$$

Hypothese: Zu testen ist wieder die Hypothese $H = \{P_{X_0} = P_0\}$, d.h. die Stichprobe $(x_0, ..., x_{n-1})$ entstammt einem Zufallsexperiment mit Verteilung P_0.

Prüfgröße:

$$T_n(x) := \sum_{i=1}^{k} \frac{(n_i - np_i)^2}{np_i}$$

Ablehnungsbereich: Die Hypothese wird abgelehnt, falls für die Stichprobe gilt:

$$T_n(x) > \chi^2_{k-1;\alpha}$$

4.2.4 Anwendung bei den betrachteten Generatoren

Der Chi-Quadrat-Verteilungstest wird hier nicht mehr einzeln für die betrachteten Generatoren durchgeführt, weil ihre Verteilung bereits durch den Kolmogoroff-Smirnov-Anpassungstest getestet wurde. Stattdessen findet der Chi-Quadrat-Anpassungstest seine Anwendung beim Gap-Test (dort Test auf geometrische Verteilung der Wartezeiten in Abschnitt 4.3.1). Beim Maximum-aus-d-Test im nächsten Abschnitt findet der Kolmogoroff-Smirnov-Anpassungstest Anwendung (wegen der stetigen Verteilungsfunktion). Bei diesen Tests handelt es sich um Verfahren, die statt der Stichprobe selbst Funktionen dieser Stichprobe betrachten, wie beispielsweise Wartezeiten auf bestimmte Ereignisse.

4.3 Anpassungstests auf Funktionen der Stichprobe

Bei diesen Tests handelt es sich ganz allgemein um Verfahren, die statt der Stichprobe selbst Funktionen dieser Stichprobe betrachten und auf diese die eigentlichen Anpassungstests anwenden. Das bedeutet, aus einer Folge von Zufallsvariablen $(X_1, ..., X_n)$ entsteht durch eine Funktion R die abhängige Folge von Zufallsvariablen $(Y_1, ..., Y_{n/d})$, und zwar allgemein nach folgendem Schema:

$$Y_i = R(X_{id}, X_{id+1}, ..., X_{id+d-1})$$

Um diese Tests nun tatsächlich durchführen zu können, ist es wichtig zu wissen, welche Verteilung $(Y_i)_{i=1...m}$ unter Vorliegen der Verteilungs-Nullhypothese für $(X_i)_{i=1...n}$ (d.h diejenige

Verteilung, gegen die wir $(X_i)_{i=1...n}$ testen wollen) theoretisch besitzen sollte. Anschließend kann man $(Y_i)_{i=1...m}$ mit üblichen Anpassungstests gegen diese Verteilung testen. Wir entscheiden uns im Fall des nachfolgend vorgestellten Gap-Tests für den Chi-Quadrat-Anpassungstest, da es sich hier bei der Verteilung der funktional abhängigen Folge $(Y_i)_{i=1...m}$ nicht um eine stetige, sondern eine diskrete Verteilung handelt. Eine stetige Verteilung für die $(Y_i)_{i=1...m}$ entsteht im Falle des Maximum-aus-d-Tests, weswegen sich hier der Kolmogoroff-Smirnov-Anpassungstest eignet. Nachfolgend wollen wir diese zwei speziellen Anpassungstests auf Funktionen der Stichprobe diskutieren.

4.3.1 Gap-Test

Beim Gap-Test (in der Literatur auch oft Birthday-Spacings-Test) wird ein bestimmtes Intervall definiert, welches als Treffer gilt, wenn eine Zufallszahl in diesem Intervall enthalten ist. Die Sequenz von Zufallszahlen wird nun danach untersucht, zu welchen Zeitpunkten solche Treffer stattfinden. Die Differenz dieser Zeiten sind dann die sog. Wartezeiten auf die Treffer. Für diese Wartezeiten erwartet man eine geometrische Verteilung. Die Verteilung dieser Wartezeiten kann dann überprüft werden. Formell wird der Gap-Test durch folgenden Satz charakterisiert:

Satz:

Sei $(U_n)_{n\geq 0}$ i.i.d. U(0,1)-verteilt und $0 \leq a < b \leq 1$ vorgegebene Werte. $(Y_m)_{m\geq 1}$ und $(N_m)_{m\geq 0}$ seien Zufallsvariablen mit Werten in $\mathbb{N}_0 \cup \{-1\}$, die folgendermaßen definiert seien:

$$N_{m+1} := \min\{k > N_m | U_k \in [a, b)\}, m \geq 1, N_0 := -1$$

$$Y_m := N_m - N_{m-1} - 1, m \geq 1$$

Dann gilt: $(Y_m)_{m\geq 1}$ ist eine Folge von Zufallsvariablen, die i.i.d. geometrisch verteilt ist mit dem Parameter p=b-a, d.h. $P(Y_m = k) = (b-a)(1-(b-a))^k, k \geq 0$.

4.3.2 Durchführung für die betrachteten Generatoren

Gegen die oben angegebene geometrische Verteilung wurde mit einem Chi-Quadrat-Anpassungstest getestet, die Klasseneinteilung erfolgte dabei für jeden möglichen Wert von Y_m einzeln, solange die Wahrscheinlichkeit über 1% lag. Die restlichen, sehr unwahrscheinlichen Werte wurden zu einer Klasse zusammengefasst. Das gewählte Intervall war [0,2; 0,4], so dass sich 15 verschiedene Klassen ergaben. Die Darstellung der Testgrößen und der Chi-Quadrat-Quantile erfolgt nun tabellarisch, was zeigt, dass der TG den Test knapp nicht besteht:

	$T_n(x)$	$\chi^2_{15-1;0.01}$	$\chi^2_{15-1;0.99}$
LGM	10.5973	4.6604	29.1412
TG	31.3486	4.6604	29.1412

Der Test erfolgte bei einer Stichprobengröße von n=10000.

4.3.3 Maximum aus d Test

Der Maximum aus d Test zerteilt die Folge von Zufallszahlen in Sequenzen der Länge d. Von jeder dieser Sequenzen wird fortan nur noch das Maximum betrachtet, daher Maximum aus d Werten. Die so gewonnenen Maximalwerte von Sequenzen jeweils der Länge d werden nun zu einer neuen Folge von abhängigen Zufallszahlen arrangiert. Unter der Nullhypothese, dass die ursprüngliche Folge i.i.d. U(0,1)-verteilt war, ergibt sich nun für die Folge der Maxima aus d Werten eine

Verteilung mit der Verteilungsfunktion $F(t) = P(\max\{X_1, ..., X_d\} < t) = t^d$. Gegen diese Verteilungsfunktion kann man nun die Folge der Maxima testen. Hier verwendet man am besten den Kolmogoroff-Smirnow-Anpassungstest, da es sich um eine stetige Verteilung handelt, gegen die getestet werden soll. Formell lässt sich der Maximum aus d Test durch folgenden Satz charakterisieren:

Satz:

Seien $(U_n)_{n \geq 0}$ i.i.d. U(0,1)-verteilte Zufallsvariablen, $d \geq 1$ und

$$Y_i := \max\{U_j | (i-1)d < j \leq id\}, \text{für } i \geq 1$$

Dann gilt: $(Y_i)_{i \geq 1}$ ist i.i.d. mit Verteilungsfunktion $P(Y_1 \leq t) = t^d, t \in [0,1]$.

4.3.4 Durchführung für die betrachteten Generatoren

Die Folge der $(Y_i)_{i \geq 1}$ wurde aus der Sequenz des Zufallsgenerators durch jeweils Maximum-Bildung von d Werten erzeugt. Es erfolgte ein Kolmogoroff-Smirnow-Anpassungstest gegen die oben erwähnte Verteilung $P(Y_1 \leq t) = t^d, t \in [0,1]$, die bei Gültigkeit der Verteilungs-Nullhypothese für die Sequenz des Zufallsgenerators (i.i.d. U(0,1)-verteilt) für die abhängige Folge der $(Y_i)_{i \geq 1}$ vorliegen muss. Die Ergebnisse des Anpassungstests werden im folgenden tabellarisch zusammengefasst:

	$T_n(x)$	$k_{1000/5;0.01}$
LGM	0.0397	0.1153
TG	0.1078	0.1153

Die Parameter des Tests waren n=1000, d=5, $\alpha = 0.01$.

4.4 Tests mit überlappenden Teilfolgen

Weitergehende Tests begnügen sich nicht mehr mit der Untersuchung von disjunkten Teilfolgen, wie beispielsweise bei dem Maximum aus d Test geschehen, wo jeweils aus disjunkten Teilfolgen von d Werten das Maximum bestimmt wurde, oder beim Gap-Test, wo die Sequenz der Zufallszahlen nachträglich dynamisch jeweils nach dem Eintreten eines bestimmten Ereignisses zerteilt wird und dann die Länge der Teilsequenzen ausgewertet wird, sondern diese Tests berücksichtigen überlappende Teilfolgen. Statistisch schwierig ist dies, weil selbst bei unabhängigen Zufallszahlen nun nicht mehr von der Unabhängigkeit der Teilfolgen ausgegangen werden kann. Dies war die Voraussetzung für einen „normalen" Chi-Quadrat Test, bei dem die Klassen bestimmte Ereignisse zusammenfassen, die aufgrund der Teilfolgen definiert waren und bei denen man davon ausgehen kann, dass sie unabhängig voneinander auftreten. Zwar ist es aufgrund des Satzes unter (3.2) „d-Gleichverteilte Folgen" weiterhin möglich, die Wahrscheinlichkeit für das Auftreten bestimmter Teilfolgen, auch im überlappenden Fall genauso zu berechnen, wie im Fall, dass sie sich nicht überlappen, dennoch ist die beim Chi-Quadrat-Test üblicherweise auftretende Testgröße nun anders verteilt (unter Annahme der Nullhypothese). Daher greift man zu einem Trick, dessen mathematische Grundlage recht kompliziert ist: Man verknüpft in der Testgröße die Abweichungen der beobachteten Häufigkeiten von Tripeln von ihrem erwarteten Wert mit der entsprechenden Häufigkeitsabweichung der Paare in der Sequenz des Zufallsgenerators. Man kann zeigen, dass diese Testgröße nun auch für die hier betrachteten überlappenden Teilfolgen einer Chi-Quadrat-Verteilung folgt, allerdings mit einer reduzierten Anzahl von Freiheitsgraden. Aufgrund der Quantile der Chi-Quadrat-Verteilung kann man nun die Gleichverteilungshypothese verwerfen, wenn die Testgröße kleiner als das 1% Quantil oder größer als das 99% Quantil ist. Der folgende Satz stellt den Zusammenhang formal dar:

Es sei $(Y_n)_{n\geq 0}$ eine Folge von i.i.d. $U(\{0, ..., \beta - 1\})$-verteilten Zufallsvariablen. Ferner seien die folgenden Zufallsvariablen definiert für $i, j, k \in \{0, ..., \beta - 1\}$:

$$W_{i,j,k}^{(n)} := \sum_{r=0}^{n-3} 1_{\{(i,j,k)\}}(Y_r, Y_{r+1}, Y_{r+2}) + 1_{\{(i,j,k)\}}(Y_{n-2}, Y_{n-1}, Y_0) + 1_{\{(i,j,k)\}}(Y_{n-1}, Y_0, Y_1)$$

$$V_{i,j}^{(n)} := \sum_{r=0}^{n-2} 1_{\{(i,j)\}}(Y_r, Y_{r+1}) + 1_{\{(i,j)\}}(Y_{n-1}, Y_0)$$

und als Prüfgröße

$$\hat{T}_n = \hat{T}_n(Y_0, ..., Y_{n-1}) := \sum_{i,j,k\in\{0,...,\beta-1\}} \frac{(W_{ijk}^{(n)} - \frac{n}{\beta^3})^2}{\frac{n}{\beta^3}} - \sum_{i,j,k\in\{0,...,\beta-1\}} \frac{(V_{ij}^{(n)} - \frac{n}{\beta^2})^2}{\frac{n}{\beta^2}}$$

Dann gilt:

$$\lim_{n\to\infty} P(\hat{T}_n \leq t) = G_{\beta^3-\beta^2}(t)$$

dabei ist $G_n(\cdot)$ die Verteilungsfunktion der χ_n^2-Verteilung.

4.4.1 Durchführung für die betrachteten Generatoren

Es wurde gewählt: $\beta = 10$, d.h. der Wertebereich der Generatoren wurde in 10 diskrete Werte vergröbert. Dies ist notwendig, damit bei einer Stichprobengröße von n=10000 immer noch 10 Tripel in jeder Klasse zu erwarten sind. Denn es gibt $\beta^3 = 10^3 = 1000$ verschiedene solche Tripel, die in etwa gleich häufig auftreten sollten. Die Prüfgröße wurde berechnet und unten sehen Sie dazu eine tabellarische Auswertung:

	$T_n(x)$	$\chi^2_{\beta^3-\beta^2;0.05}$	$\chi^2_{\beta^3-\beta^2;0.95}$
LGM	905.8000	831.3702	970.9036
TG	864.6000	831.3702	970.9036

5 Fazit

Beide Generatoren, sowohl der Tausworthe Generator, als auch der lineare Kongruenzgenerator haben sich in der Praxis bewährt, wie man den Ausführungen von Kolonko entnehmen kann. Jedoch gibt es für beide Generatoren mehrere Parameter, die es zu optimieren gilt. Für den linearen Kongruenzgenerator sind dies der Multiplikator a, die additive Konstante c und der Modulus M. Hier folgten wir bei der Implementierung den Literaturwerten aus Kolonko, 2008, S. 21, Beispiel 3.8, d). Dort liest sich folgendes: „In der Praxis hat sich dieser Generator lange Zeit relativ gut bewährt, ist aber etwas schlechter als moderne Generatoren, [...]". Für den Tausworthe Generator lassen sich einerseits die Parameter für den Schieberegister-Generator, p und q so wählen, dass sich die maximale Periodenlänge ergibt, wenn man der Tabelle in Kolonko, 2008, S. 29 folgt. Dort entscheiden wir uns für die Variante p=31, q=13. Andererseits ist man interessiert an einer ebenso maximalen Periodenlänge des Tausworthe Generators, der mit dieser Sequenz, die man aus dem BSR erhält, arbeitet. Der resultierende Tausworthe-Generator wiederum hat maximale Periodenlänge, wenn seine Spreizung t „eigentlich" ist, d.h dies ist so definiert, dass für t gilt $ggt(2^p - 1, t) = 1$, siehe hierzu beispielsweise Kolonko 2008, S. 31, Satz 4.8. Unter dieser

Voraussetzung gibt es ebenfalls den analytischen Beweis, dass der Generator genau dann eine d-Gleichverteilung aufweist, wenn $d \leq \frac{p}{l}$, wobei l die Wortlänge (d.h. die Anzahl der Bits in jeder Zufallszahl) ist (vgl. Kolonko, 2008, S. 55, Satz 6.4). Wir entscheiden uns für den überlappungsfreien Generator, d.h. t=l. Um noch eine 4-Gleichverteilung zu realisieren, wählen wir t=l=7 relativ klein, dann ist insbesondere t „eigentlich".

Die statistischen Tests bestätigen die Aussagen der Literatur über die Praktibabilität der Generatoren. Alle hier aufgeführten Tests werden von den Generatoren bestanden, bis auf eine Ausnahme: Der Tausworthe-Generator liegt leicht außerhalb des Annahmebereichs für den Gap-Test (in der Literatur oft auch Birthday-Spacings-Test). Dies kann an zwei Faktoren liegen: Die Umrechnung des Wertebereichs von nur 128 diskreten Werten (7bit Wortlänge) auf eine Zahl im Intervall [0,1] ist nicht hinreichend nah am Kontinuum, d.h. es wird immer nur einer von 128 diskreten Punkten im Intervall getroffen, oder aber viel wahrscheinlicher: Die 4-Gleichverteiltheit, die analytisch garantiert ist (aufgrund des Beweises in Kolonko 2008, S.55, Satz 6.4 für die d-Gleichverteiltheit des TG), genügt für die Betrachtung längerer Teilfolgen nicht mehr.

6 Literatur

Michael Kolonko: Stochastische Simulation, Grundlagen, Algorithmen und Anwendungen, Vieweg+Teubner 2008

Ulrich Krengel: Einführung in die Wahrscheinlichkeitstheorie und Statistik, Vieweg 2003

K Reiss, G. Schmieder: Basiswissen Zahlentheorie, Eine Einführung in Zahlen und Zahlbereiche, Springer 2007